H+ Plus A New Religion

幸福的 6H 法则

[英] 爱德华 · 德博诺 著

柏惠鸿 译

中国科学技术出版社

·北 京·

北京市版权局著作权合同登记　图字：01-2022-4201

图书在版编目（CIP）数据

幸福的 6H 法则 /（英）爱德华·德博诺（Edward de Bono）著；柏惠鸿译 .— 北京：中国科学技术出版社，2023.8
书名原文：H+ Plus A New Religion
ISBN 978-7-5046-9928-2

Ⅰ .①幸… Ⅱ .①爱… ②柏… Ⅲ .①人生哲学—通俗读物 Ⅳ .① B821-49

中国国家版本馆 CIP 数据核字（2023）第 032335 号

策划编辑	申永刚　方　理　褚福祎	**责任编辑**	褚福祎
封面设计	今亮新声	**版式设计**	蚂蚁设计
责任校对	张晓莉	**责任印制**	李晓霖

出　　版	中国科学技术出版社
发　　行	中国科学技术出版社有限公司发行部
地　　址	北京市海淀区中关村南大街 16 号
邮　　编	100081
发行电话	010-62173865
传　　真	010-62173081
网　　址	http://www.cspbooks.com.cn

开　　本	787mm × 1092mm　1/32
字　　数	36 千字
印　　张	3.25
版　　次	2023 年 8 月第 1 版
印　　次	2023 年 8 月第 1 次印刷
印　　刷	河北鹏润印刷有限公司
书　　号	ISBN 978-7-5046-9928-2/B · 143
定　　价	62.00 元

6H 法则是一种信仰吗?

……有可能是。

它和其他信仰有什么不同吗?

……有可能有。

以“可能”为基础足够牢靠吗?

……有可能。

多数信仰关注的是终极“真理”。但各个信仰的“真理”各不相同。

也许“有可能”也很有用。

Dear Chinese Readers,

These books are practical guides on how to think.

My father said "you cannot dig a hole in a different place by digging the same hole deeper". We have learned to dig holes using logic and analysis. This is necessary but not sufficient. We also need to design new approaches, to develop skills in recognizing and changing how we look at the situation. Choosing where to dig the hole.

I hope these books inspire you to have many new and successful ideas.

Caspar de Bono

亲爱的中国读者们，

这套书是关于如何思考的实用指南。

我父亲曾说过："将同一个洞挖得再深，也无法挖出新洞。"我们都知道用逻辑和分析来挖洞，这很必要，但并不够。我们还需要设计新的方法，培养自己的技能，来更好地了解和改变我们看待事物的方式，即选择在哪里挖洞。

希望这套书能激发您产生许多有效的新想法。

卡斯帕・德博诺

德博诺全球总裁，爱德华・德博诺之子

荣誉推荐

德博诺用最清晰的方式描述了人们为何思考以及如何思考。

——伊瓦尔·贾埃弗（Ivar Giaever）

1973 年诺贝尔物理学奖获得者

非逻辑思考是我们的教育体制最不鼓励和认可的思考模式，我们的文化也对以非逻辑方式进行的思考持怀疑态度。而德博诺博士则非常深刻地揭示出传统体制过分依赖于逻辑思考而导致的错误。

——布莱恩·约瑟夫森（Brian Josephson）

1973 年诺贝尔物理学奖获得者

德博诺的创新思考法广受学生与教授们的欢迎，这套思考工具确实能使人更具创造力与原创力。我亲眼见证了它在诺贝尔奖得主研讨会的僵局中发挥作用。

——谢尔登·李·格拉肖（Sheldon Lee Glashow）

1979 年诺贝尔物理学奖获得者

没有比参加德博诺研讨会更好的事情了。

——汤姆·彼得斯（Tom Peters）

著名管理大师

我是德博诺的崇拜者。在信息经济时代，唯有依靠自己的创意才能生存。水平思考就是一种有效的创意工具。

——约翰·斯卡利（John Sculley）

苹果电脑公司前首席执行官

德博诺博士的课程能够迅速愉快地提高人们的思考技巧。你会发现可以把这些技巧应用到各种不同的事情上。

——保罗·麦克瑞（Paul MacCready）

沃曼航空公司创始人

德博诺的工作也许是当今世界上最有意义的事情。

——乔治·盖洛普（George Gallup）

美国数学家，抽样调查方法创始人

在协调来自不同团体、背景各异的人方面，德博诺提供了快速解决问题的工具。

——IBM 公司

德博诺的理论使我们将注意力集中于激发员工的创造力，可以提高服务质量，更好地理解客户的所思所想。

——英国航空公司

德博诺的思考方法适用于各种类型的思考，它能使各种想法产生碰撞并很好地协调起来。

——联邦快递公司

水平思考就是可以在5分钟内让你有所突破，特别适合解决疑难问题！

——拜耳公司

创新并不是少数人的专利。实际上，每个人的思想中都埋藏着创新的种子，平时静静地沉睡着。一旦出现了适当的工具和引导，创新的种子便会生根发芽，破土而出，开出绚烂的花。

——默沙东（MSD）公司

水平思考在拓宽思路和获得创新上有很大的作用，这些创新不仅能运用在为客户服务方面，还对公司内部管理有借鉴意义。

——固铂轮胎公司

（德博诺的课程让我们）习得如何提升思维的质量，增加思考的广度和深度，提升团队共创的质量与效率。

——德勤公司

水平思考的工具，可以随时应用在工作和生活的各个场景中，让我们更好地发散思维，收获创新，从内容中聚焦重点。

——麦当劳公司

创造性思维真的可以做到在毫不相干的事物之间建立神奇的联系。通过学习技巧和方法，我们了解了如何在工作中应用创造性思维。

——可口可乐公司

（德博诺的课程）改变了个人传统的思维模式，使思考更清晰化、有序化、高效化，使自己创意更多，意识到没有什么是不可能的，更积极地面对工作及生活。

——蓝月亮公司

（德博诺的课程）改变了我们的思维方法，创造了全新的思考方法，有助于解决生活及工作中的实际问题，提高创造力。

——阿克苏诺贝尔中国公司

（德博诺的课程让我们）学会思考，可以改变自己的思维方式。我们掌握了工具方法，知道了应用场景，有意识地使用思考序列，可以有意识地觉察。

——阿里巴巴公司

解决工作中的问题，特别是一些看上去无解的问题时，可以具体使用水平思考技能。

——强生中国公司

根据不同的创新难题，我们可以选择用多种水平思考工具组合，发散思维想出更多有创意的办法。

——微软中国公司

总序

改变未来的思考工具

面对高速发展的人工智能时代，人们难免对未来感到迷茫和无所适从。如何才能在激烈的市场竞争中脱颖而出，成为行业的佼佼者？唯有提升自己的创造力、思考能力和解决问题的底层思维能力。

而今，我们向您推荐这套卓越的思考工具——爱德华·德博诺博士领先开发的思维理论。自 1967 年在英国剑桥大学提出以来，它已被全球的学校、企业团队、政府机构等广泛应用，并取得了巨大的成就。

在过去的半个世纪里，德博诺博士全心全意努力改善人类的思考质量——为广大企业团队和个人创造价值。

德博诺思考工具和方法的特点，在于它的根本、实用和创新。它不仅能提高工作效率，还能帮助我们找到思维的突破点，发现问题，分析问题，创造性地解决问题，进而在不断变化的时代中掌握先发优势，超越竞争，创造更多价值。

正是由于这套思考工具的卓越表现，德博诺思维训练机构在全球范围内备受企业高管青睐，特别是在世界 500 强企业中广受好评。

自 2003 年我们在中国成立公司以来，在培训企业团队、领导者的思维能力上，我们一直秉承着德博诺博士的理念，并通过 20 年的磨炼，培养和认证了一批优秀的思维训练讲师和资深顾问，专门服务于中国企业。

我们提供改变未来的思考工具。让我们一起应用智慧的力量思考未来，探索未来，设计未来，创造未来和改变未来。

赵如意

德博诺（中国）创始人 & 总裁

EDWARD DE BONO

目录

BONO

引言 001

第1章 人+（Human+） 009

第2章 快乐+（Happiness+） 013

第3章 幽默+（Humour+） 027

第4章 助人+（Help+） 035

第5章 希望+（Hope+） 039

第6章 健康+（Health+） 045

第7章 善举 055

第8章 总结 081

引言

EDWARD
DE
BONO

信仰

在 6H 法则中，唯一的信仰是相信你自身的潜能及周围其他人的潜能。我们为这种潜能设定了一些法则。只要你相信自己可以按某种方式做成一件事，最终你就真的会成功。

和谐共存

6H 法则不会对任何信仰体系造成冒犯，也绝无竞争之意。

6H 法则提供的是一套“行动规范”。行动规范在 6H 法则中非常清晰明了，6H 法则完全以行动为基础。

6H 法则关注的是积极的行动。你需要有所付出并做出改变。仅仅不犯错是不够的，重点是要行动起来，融入这个世界。6H 法则崇尚的就是行动和成就。只有成就才能让个人价值得到满足，仅靠苦思冥想是没有用的。

在 6H 法则中，除相信你自己以外并没有其他固定的信仰体系，当然要相信的不是你现在是怎样的，而是你可以成为什么样。

一种生活方式

可以说6H法则是一种信仰。

更确切地说，6H法则是一种生活方式。

也许我们应该发明一个新的词语——“生活信仰”，来表示“一种关于生活方式的信仰”。

积极和消极

6H 法则是积极的，我们关注的不是应该避免犯什么错，而是应该去做些什么。

6H 法则当然也会涉及法律、道德规范、社会行为中的消极方面，但除此之外还会加上作为 6H 法则核心关注点之一的积极的元素。

6H 法则的核心关注点：

积极；

建设性；

有所作为。

在 6H 法则中，仅摆脱世界的消极方面是不够的，偏居一隅、独善其身也是不够的。只有对其他人有所付出、对周围的世界有所作为，你才能不断完善自己，变得更好。

助人者自助。沙漠中没有隐士，只有心怀天下者最终才能生存。

最重要的是有帮助他人的意愿并付出努力，而助人带来的反馈和效果可能需要在一段时间之后才能体现出来。

几乎每一个“6H 人”（用来指代了解 6H 法则的所有人）都有一份关于帮助他人的个人计划表。

你可以通过在助人方面的成就来评估自己。

首先需要专注，其次是态度，最后就是行动。对某些具体事物的关注可以逐步形成特定的态度，这也是 6H 法则中的一部分，我们将在后文展开讨论。

接着就是行动。6H 法则关注积极的行动。采取行动可以令人产生成就感，从而增强自我认同感与自信，并逐步养成付出的习惯，而不是以自我为中心、消极被动。我们把这种积极的行动叫作“善举”，与之相关的内容将在后文展开说明。

第 1 章

人 +（Human+）

EDWARD
DE
BONO

6H 法则的核心之一是人。人后面的“+”代表人性中好的或积极的方面。当然人性中也有很多众所周知的消极的面，例如好斗、欺骗、仇恨等。以仇恨为例，在 6H 法则中，你憎恶的是仇恨这种情绪本身。

毫无疑问，人类可以是非常恶毒丑陋的存在，同样的道理，人类也可以是极其美好迷人的存在。我们把关注点放在积极的方面。

我们并不是希望人类像机器一样无懈可击，恰恰相反，人类应该更加具有人的特征，只不过是在积极的一面。

积极处世的人也会遭遇工作失败和人生起伏，但心怀希望，低谷总会过去，那些“+”代表的积极因素必将归来。

第 2 章

快乐 +（Happiness+）

EDWARD
DE
BONO

快乐在 6H 法则中很重要。我们要将快乐培养成一种有意识的习惯，而不是只有在一切都很完美的时候我们才感到快乐。

长期以来，一些文学作品反复灌输给我们一种观念，即只有悲剧、绝望和痛苦才是人生的真谛，除此之外的一切都显得肤浅而微不足道。

城市里到处都是医院，而每个医院的急救中心，总有因一起起意外而被送来的伤患，这里充斥着苦难、悲伤和绝望。难道我们会去医院急救中心静静地坐着，寻求消遣或是学习生命的真谛吗？

毫无疑问，痛苦是人生的重要组成部分之一，但快乐同样如此。大众媒体似乎更乐于宣传报道灾难、犯罪和丑闻，因为这些事件更容易引起大众的兴趣。大众媒体想要通过快乐和幸福引起大众的兴趣则要难得多。与此同时，媒体将自身定位成社会良知的角色，因此必须揭露社会中的阴暗面。

也许电影也应该有快乐程度的评级，如“比较快乐”和“非常快乐”的电影分类。这样观众就可以在走进影院时，提前知道自己将经历一场刺激的心灵之战还是一次心灵芭蕾。

快乐中的真理远比绝望中的要多。

快乐不只是远离痛苦和煎熬。正如我们需要评估事物的价值，并让自己对价值更加敏感，我们也需要有意识地去培养快乐的感觉，比如主动寻找一些能让我们感到快乐的事情。

思考对于快乐而言非常重要。因为通过思考，我们可以把握自己人生的方向，而不是如水中浮萍般随波逐流。思考可以改变我们的感知，进而帮助我们控制情绪。思考为我们提供为人处世与解决问题的方法，思考使我们理解他人并与人融洽相处。有研究结果表明，思考有效降低了年轻人群体的犯罪情况。

我创立了柯尔特（CoRT）课程，目前这一课程已在世界各地的学校中被广泛使用。这个课程旨在拓宽眼界、丰富感知，帮助人们通过一些简单的小工具就能做到学习、应用甚至养成习惯。举例而言，“其他人的观点”（Other's Point of View，简称 OPV）鼓励参与者有意识地去关注和探索他人的想法，很多问题和冲突可以通过这种方式迎刃而解。“结果和后续”（Consequence & Sequence，简称 C&S）鼓励参与者关注某种选择或行动会带来的即刻、短期、中期及长期影响。亲身参与这些事情与简单地认为自己会做是大不相同的。我们曾邀请一组非常有经验的高管对某项建议做出评估，其中 60% 的人都对这项建议表示认可。接着我们要求他们使用“结果和后续”再次评估，他们对这项建议的认可程度大幅下降，仅为 15%。然而这些高管原本声称，自己在工作中一直保持对结果的长期关注。

快乐与预期有很大的关系。我们对周围的人和世界与我们的相处方式会有所预期，一旦这种预期被打破，我们就会感到不快。我们也会预期自己能做成某些事情，一旦因能力或机遇导致目标未能达成，我们就同样会感到不快。

我们应该让快乐成为常态，不快乐仅仅是偶尔出现的意外，就好像平时健康的人偶尔有一次头疼脑热。

调整与改变

如果你能学着根据实际情况进行自我调整，那么你很可能会变得比较快乐。无法调整自我绝无益处。

有些人会认为如果过度调整就无法改变现状，但这种观点得出的前提是假设调整与改变是相互对立的。实际上，你可以在自我调整的同时寻求突破点。改变的动机不一定是因为不快乐，也可以是想要主动求变让事情更好。

所谓“刻板真理”就是我们长久以来一直相信，却又想改变的真理。

快乐与注意力也有关系。如果习惯于关注事物的消极方面，那么你大概率会不快乐。而如果学着将注意力放在事物的积极方面，你就会变得比较快乐。有一名女士生来就没有双腿，但她仍然活得很快乐，她积极参加体育运动，还成了一名 T 型台模特。

我们的注意力经常被周围的事物吸引。如果我们学会主动“引导”注意力，去关注我们想要关注的方面，我们就很容易养成快乐的习惯。

思考和快乐

整个社会对思考的关注少得可怜。这一点非常可惜，因为思考是我们生而为人最重要、最基本的能力，同时思考对获得快乐和成就有决定性作用。

传统的思维模式是针对某个标准场景给出标准答案，这种思维模式是以“判断”为基础的。随之而来的就是摆出论据、推演逻辑，并证明自己是对的。这种方式很好，但就像汽车的左前轮胎一样，必要但不足够。

我们常常会忽略发展建设性思维、创造性思维、感知思维和设计思维的重要性。对于已经发生的事情可以进行分析，但对于未来则需要设计。

判断是将过去的经验用于未来，而设计是将未来投射到当下。

如果想要设计并规划如何将你想表达的价值和观点进行组合，只有批判性思维是不够的。

多年以来，我创造了各类关于思维的框架和方法，如今它们在全球成百上千的学校和组织机构中被广泛应用。

我推崇运用平行思考对主题进行探索，而不是常规的质疑和争论。通过运用这种思考法，很多企业的效率都得到了显著的提升，例如有一家企业曾经需要 30 天进行跨国项目的开发，如今只需要 2 天。一个加拿大的小企业在运用这个思考法的第一年就节省了约 2000 万美元。

我还创造了关于行为方式的“六双行动鞋”以及关于价值判断的“六枚价值牌”等理论。

除此之外还有关于创新思维模式的水平思考，这一理论的基础是大脑作为自组织信息系统的特征。这些工具每个都很实用。南非的一个研讨会通过使用其中的一种方法，在一个下午就碰撞出 21 000 个点子。

在柯尔特课程中，我们还有一些提升感知的方法，它们同样在世界各地的学校中被广泛使用。在英国，霍尔斯特集团（Holst Group，领导力训练组织）为失业青年提供了 5 小时的相关培训，使他们的就业率提升了整整 5 倍。在澳大利亚，珍妮弗・奥沙利文（Jennifer O'Sullivan，顾问）对一群有听力障碍的失业青年进行了相关指导，同样大大提升了他们的就业率。

那些在学校教育中被认定为愚笨的年轻人通过我的课程发现自己并不笨，他们可以通过思考，把控自己的人生。随着自我认同感和自信的提升，他们的其他各方面都变好了起来。

思考和快乐与主宰人生有着密切的关系。这里所说的“思考”并不是指哲学意义上的理性思考，而是指简单可行的思考工具和方法论，无论哪种能力水平的人都能轻松掌握。教会失业青年如何思考，可以将他们的就业率提升 5 倍。教会那些因暴力倾向而被主流学校拒之门外的学生如何思考，可以将他们的犯罪率降低到原来的十分之一（对比没有学习过思维方式的此类人）。

6H 法则鼓励大家多思考，即使想错了也没有关系。

习惯

快乐是一种刻意养成的习惯，就和减肥差不多。你可能偶尔甚至经常会失败，但还是会从头再来。

第 3 章

幽默 +（Humour+）

EDWARD
DE
BONO

幽默，其实是社会生活中很重要的润滑剂，也是社会生活的黏合剂。幽默是最好的避免傲慢自大的方式，幽默可以抵抗绝望消极的情绪。正是幽默使人与其他生物有所不同。我们为什么要无视幽默的存在呢？

为别人提供一些笑料，或是被别人说的话逗得哈哈大笑，这都是一种慷慨大方的表现。这种互动方式不存在威胁或压迫，也毫不严肃或费力。

轻松地生活与互动是 6H 法则的关键。

幽默可以帮助我们形成一种习惯，以不同的方式看待事物并探索各种可能性。幽默可以化解和冲淡一些具有消极一面确定性的事情。你可以学着像嘲笑他人一样进行自嘲。

所有会因为幽默受到威胁的理论或事物本就应该被挑战。

幽默并不等同于滑稽。

幽默本身是很认真的。

幽默的本质在于不要把世界和我们自己看得太重要。

人偏好确定性的事物。感知的目的也是寻找确定性，因此我们常常会以刻板、自大、不容置疑的方式去寻找这种确定性。

幽默的核心在于以不同的方式看待事物，寻找改变感知的可能性。

通过幽默的方式，我们改变了视角，会突然发现新的视角在逻辑上也是合理的。

幽默是一种举重若轻。这与不容置疑、严肃和痛苦完全相反，这些情绪会让我们走向消极的一面。

之所以说幽默是社会生活的润滑剂和黏合剂，是因为幽默是一种与人大方互动的方式。通过与他人分享新的视角和可能性，我们在给予的同时完全没有失去任何东西。

从进化角度而言幽默有何益处？为什么我们会有幽默感？它对于人的生存是否有帮助？

哈佛大学的戴维·珀金斯（David Perkins）教授通过研究发现：在常规思维（专业高科技类除外）中，90% 的错误都与感知有关，例如感知局限、自我中心、过于短视等。

改变感知、以不同方式看待事物的能力，也许从生存角度来看具有重要价值。幽默本身就是这种能力的衍生品。

态度

幽默是一种态度，而不仅是讲笑话的能力。

如果有人试图侮辱你，而你耸耸肩，并无被冒犯之感，那你就没有被侮辱到。

有时候，我们像是提线木偶一般受到周围人或环境的操控摆布，而幽默就是剪掉这些“线”的一种方式。

幽默用“有可能”取代了确定性，因此就有了更多不同的可能性。

面对严肃的情景或事物时，我们当然要认真对待，但与此同时可以保持幽默的那种举重若轻。

幽默有助于建立自我认同感与自信。你并不为周围的世界所主宰，因为你可以尽情对它发出嘲笑。

与其让周围的人“放轻松”，我们还不如养成习惯，叫他们“按下幽默的开关”。

幽默在 6H 法则中非常重要，因为我们只有能轻轻放下，才可能高高举起。

第 4 章

助人 +（Help+）

EDWARD DE BONO

助人是 6H 法则中的重中之重。

为什么这么说呢？

研究结果表明，在美国约有 40% 的年轻人认为人生中最重要的事情是“成就”。

如何取得成就？

也许你是个著名的运动员，也许你非常擅长考试，也许你创业成功，也许你是个摇滚歌手。

这些都可能发生，并将给你带来巨大的成就感。

那么日常生活中的成就呢？

那些不想成为著名的运动员，也不想成为优秀企业家的人该怎么办呢？

6H 法则中有“助人”，也就是应该要去做的事，主要是帮助他人和世界的积极行为（即“善举”，后文将详细展开）。在日常生活中，点点滴滴的助人或奉献会带来许多小小的成就感。给自己制订一份积极行动计划表，无论是多么小的事情，你都能从中收获成就感，进而产生自我认同感。

通过帮助别人，你就可以帮助自己。

之所以这些小小的助人之举如此重要，是因为它们背后都有明确的目标和对象。比如你帮助了一位老奶奶过马路，那么很显然你确实提供了帮助。在这个过程中，成就是显而易见的。相反，如果你向一大群人宣传积极思想，你只能心存希望，自己可能帮到了他们。

第 5 章

希望 +（Hope+）

EDWARD DE BONO

没什么比年轻人自杀更令人伤心的事情了。在澳大利亚，24 岁以下年轻人的最大死因之一就是自杀。当然这可能是因为澳大利亚对自杀的统计，比其他地方的做得都更为全面，出于某些原因很多地区的自杀类数据都不会完全公开。

年长者自杀同样令人悲痛，但多少更好理解一些。他可能对世界感到疲倦，或是失去了活下去的意愿，也可能饱受病痛的折磨，但对年轻人来说，这些并不是自杀的主要原因。

与男女朋友的一次争吵、一场考试失利、自卑或缺乏自我认同感，都可能让年轻人觉得未来不再可期。

希望是非常关键的。第二次世界大战期间，集中营里被关押的人身处极端恐怖、严酷的条件之下。很多人正是长年怀抱希望，才最终等到了自由和解放。

希望就是无论眼下有多么艰难，看似永无回转之日，心中始终相信逆境终将过去。

希望就是愿意调整自我适应环境，直到不再为环境所迫。

希望就是相信通过自身努力，一切都会好起来。

即使希望有时候只会让人徒增失望，我们也仍然要始终抱有希望。当然这并不意味着我们可以怀抱着“总有一天会中彩票”的希望而不投入日常生活中去。

通过 6H 法则中的“希望”，你要寻求的是如何让事情变得更好。同样你也要学会“耸耸肩”，尽可能不再成为周围世界操控的提线木偶。

除了被动的希望，即求助于外力，还有主动的希望，也就是你自己想办法采取行动让事情变得更好。

你也可以做出贡献使他人的生活变得更好。

我曾经在采访了从商界到体育界各个领域的成功人士后，写了一本书——《战术：成功的艺术与技巧》（*Tactics: The Art and Science of Success*）。我的访谈对象在个人风格和特质方面大相径庭，有些激情冲动，有些谨慎周密，有些大胆奔放，有些内向含蓄。但他们有一个共同的特点，就是他们都对最终的成功充满期待。沿途遇到的大大小小问题只是需要克服的坎坷罢了。他们都心怀极大的希望。

第 6 章

健康 +（Health+）

EDWARD DE BONO

健康在 6 H 法则中同样具有重要地位。只有拥有健康，你才能专注、敏锐、坚持甚至富有激情，这些都在你的掌控之中。

关键在于你要主动关注自己的健康状况，将健康作为生而为人的一个重要方面。

健康是其他一切的基石。如果没有健康的身体，你就无法帮助他人，还需要从他人身上获得帮助，而这些帮助原本可以留给更有需要的人。

如果有一台摩托车，你就会花心思去加油、给轮胎打气。如果你有能力保持健康，那么不健康似乎就是因为不用心造成的了。

所以在 6H 法则中，关注健康是非常基本的，就像关注快乐一样。

酷

在盖伊·福克斯日[①]（Guy Fawkes Day）的前一天，英格兰的一所小学中一个 6 岁的孩子画了一张盖伊·福克斯要炸国会大厦的图画，并将盖伊·福克斯描述为“很酷”。

盖伊·福克斯曾计划炸毁国会大厦，险些让很多人丧命，这种行为本质上，在道德意义上是不正确的，但他表现出来的表面形象让这个孩子觉得很酷。正是这个行为的本质与其表面特征的差异奠定了这种酷的基础。只关注表面而不关注事情的本质显然是非常危险的。

---

① 英国传统节日，为纪念 1605 年盖伊·福克斯试图用火药炸掉英国国会大厦，后阴谋泄露被处死这一事件。——编者注

在全球各地的学校中，孩子们都想表现得很酷。

在校园里“酷”意味着时髦，比如穿对了衣服或是进对了团体。酷也意味着充满自信，特立独行做自己。总的来说，酷就是广泛意义上的好。令人惊讶的是，除酷以外似乎就没有其他形式的好了。没人想做个“滥好人”，所以“酷”有非常明确的边界。

暖

最冷酷的大概就是尸体了。尸体遗世独立、不为世俗打扰，实在是又冷又酷。但尸体也毫无付出与贡献。

与之类似的，“酷”作为一种行事风格也是偏防守型且无奉献精神的，十分以自我为中心、脱离世界。

“暖”就不一样了。“暖”意味着自信、外向而又慷慨付出。无论对方如何反馈，你都愿意报以微笑。

暖人

我们用“暖人”这个词来指代温暖的人。如果你是个“暖人”，这意味着你非常慷慨、热情和富有人情味。你会对周围的人和这个世界付出，不同于冷酷的尸体，你是积极外向的。

暖人与 6H 法则

暖人与 6H 法则之间没有必然联系。暖人这个概念是独立于 6H 法则而存在的。我们在这里用“暖人”这个词来表明 6H 法则背后隐含的态度，一种外向友好、乐于奉献的态度，而非冷漠无情、以自我为中心。6H 法则倡导通过助人实现自助。

这并不是一种交易。你帮助他人是出于自己的意愿，并非一定要对方回报。

充分理解 6H 法则背后的态度是非常重要的。它不是“信仰和崇拜”类型的，你不需要因为担心不按规矩行事就会受到惩罚而限定自己的行为方式。6H 法则完全基于行动，你首先根据自己的意愿选择行为方式，然后根据结果进行调整和改变。

6H 法则的根本是去做。

笛卡尔有一句广为人知的名言：

“我思故我在。”

爱德华·德博诺也有一句类似的话：

“我行动故我创造。”

6H 法则注重行动。

第 7 章

善举

EDWARD DE BONO

6H 法则的核心是行动和付出。善举指的就是积极的付出和行动。你或许会帮一位老奶奶过马路，或许会教一个孩子阅读，或许会顺手帮邻居倒垃圾，或许会站出来阻止别人的恶行。

6H 法则不仅是有向善的念头和做好事的意愿，而是需要采取积极的行动，进而使你周围的环境，或是更大的环境产生积极的变化。从这个角度而言，善举对 6H 法则至关重要。

善举以帮助他人为目的，通常都会限定在相对较小的局部范围，但如果影响更大也未尝不可。

善举就像罪行的反面。罪行是那些你不该做的、做完会让你觉得愧疚的事情，而善举是你该做的、做完会让你觉得骄傲的事情。

你可以对自己或他人夸耀你做的善举，做善举也是一种成就。

计划表

善举是积极的行动，对他人有帮助、有建设性、有贡献。

你捡起了地上的一张废纸，扔进垃圾桶，这是善举。

你帮助了一个在机场找不到方向的人，这是善举。

计划表是你给自己定下的一天内要完成几个善举的目标，也可以说是你的指标。

浮桥与善举

浮桥是在浮在河面上连起来的船上铺上木板而形成的桥，可以让人从上面走过去渡河。对我们来说，浮桥就是由善举组成的让你度过这一天的方式。

你每天都要完成相同数量的善举。

有时候你可能想调整一下这个数量，但总的来说都要按照预先选定的数量行事。

每天最少要完成 2 个善举。想多做一些是没问题的，但现实一点，比较合适的上限是 4 个。

善举通常都不是提前计划好的。当然你可以选择让自己处于更有机会完成善举的环境中。在有些情况下，你也可以提前规划好善举。

如果你给乞丐钱，这算不算善举呢？如果你的计划表要求完成 4 个善举，于是你给了 4 个乞丐一些钱，那么你算不算完成了今日计划呢？

答案是否定的，原因主要有 2 个。

首先，这个善举太简单了，毫无成就感，你只是以最简单的方式机械做出善举，这对你自己而言几乎无法产生任何影响。

其次，给乞丐钱其实是在鼓励乞丐不劳而获，这可能会助长乞讨之风，某种程度上是一种不良的社会行为。

有些人可能已经投身于慈善事业了。这如何与善举和建设性行为结合呢？

持续性地做慈善当然是很好也很值得坚持的，但这与个人自发的善举有所不同。

善举的重点在于它是以助人与付出为目标的个人行为。这就意味着我们时刻保持着一种愿意助人、愿意付出的态度。如果你参与了某个很有价值的慈善项目，这当然很好，但与善举仍然是不同的。

因此参与慈善活动、给乞丐钱都不算是我们所说的善举。

善举是微不足道但自发的助人与奉献行为。

宣传 6H 法则

如果你向他人介绍 6H 法则或把本书送给别人，这算不算一种善举呢？

毫无疑问，这是一种善举。但这类善举在计划表中的占比应该不超过 50%。举例来说，如果你计划每天完成 4 个善举，而你向 3 个人宣传了 6H 法则，那么这天只能算完成了 2 个善举。

这么说的原因，在于无论多么有价值的行为，都不能取代自发的助人行为，以及与之伴随的时刻准备着的状态和态度。

善举很重要的一点，是立刻能获得满足感和成就感。旅行的时候，没有走错路是不够的，能时不时在路边采到一些小野花才会令人快乐。

只是做个好人还不够，还需要去做好事。

这是 6H 法则中非常核心的一点，我们一定要充分理解。

这和我们平常经常说的“好人做好事”完全不同，甚至因果倒置的——你按计划要求自己去做好事，然后你成了一个好人。

被求助

一旦大家都知道你愿意帮助别人，就会有人开始向你寻求帮助。在小型团体中更有可能出现这种现象，相反，大型团体则不太会。

你该怎么做呢?

回应他人的求助算不算善举呢?

你可以根据自己的判断，决定怎么做。评估你是否有时间、有意愿，以及对方是真心寻求帮助还是利用你的慷慨，然后就可以决定如何进行回应。

一定要注意：回应这种求助是不能计为 1 个善举的。你可能会觉得不公平或自相矛盾，因为回应别人的求助有可能比你自己硬想 1 个善举来得更有价值。

前文我们说过给乞丐钱这种付出太简单了，回应别人的求助也是如此，这种行为中并不包含 6H 法则最看重的“时刻准备好主动付出”。这种回应固然很有价值，但与积极主动的行为并不是一回事。获得帮助的人或许觉得没什么不同，但对于提供帮助的人而言则大相径庭。最主要的差异在于是被动还是主动。

想出善举

这比看起来难得多。

一旦你的态度对了，你就会更容易发现更多完成善举的机会。

有时候，一些人会构建出自己的善举清单，然后在其他人没有发现的时机和场合找到机会。

在闲聊中，可能会找到别人做过但自己还没有试过的善举。

另外，在网上也能找到一些善举清单。实在是没有思路的时候，也可以试试按这些善举清单去做。

最重要的是，培养一种帮助别人、发现做善举的机会的习惯与意愿。这种习惯与意愿与真正去完成善举同样重要。这比机械地上网找善举清单并照做要重要得多。

你可以想一些以后用得上的善举，发挥想象力，天马行空地去创造。始终要记得善举是自发的、微小但独立的助人与奉献行为，而非单一的大任务。大任务也许也是很有价值的，但善举相互之间的独立性使我们可以不断取得一些小成就，并让自己时刻准备着去付出与提供帮助。大项目很有价值，但并不能替代独立的小小善举。

夸耀

在 6H 法则中，没有什么能阻止你以自己的成就为傲。

你可以专门准备一个 6H 日记本，每天写下自己的点滴成就。

你也可以上网找一个互夸伙伴，每天互相分享彼此取得的成就。

你还可以加入线上或线下的组织，和成员们定期在线上聚会或在线下见面，互相分享并“攀比”取得的成就。

如果你从夸耀中获得了行动的动力，这完全不成问题。善举的目的是助人和付出，最初的动机根本不重要。从根本上来说，所有助人行为都是由私人原因驱动的。

通过善举和计划表，我们希望你掌握 6H 法则的核心，你有能力寻找做善举的机会并取得成就。

要想提高自我认同感，没有比取得成就更好的方式了。

善举提供了日常生活中取得小小成就的方式，这会让你直接受益。

与此同时，每个善举都会直接或间接地使他人受益。

失败、罚款与成就

你制订好了自己的计划表或“浮桥”。如果你觉得完不成太多善举，那就把每天要完成的善举数量减少到 2 个。这与你的自信程度有关。

如果你没能按计划完成善举，会怎么样呢？这很重要吗？

是的，这很重要，而且你必须以某种方式将你的失败也变成一种成就。

如果你没能完成给自己定的善举目标，你就需要受到惩罚。你要被罚款了。

就像你可以自己制订每天计划的善举数量一样，你也可以自己想好没完成的善举，每个要罚多少钱。

你可以设定没完成的善举，每个罚款 1 便士，如果你的计划是每天 4 个善举，但一个都没完成，那么一年就要罚款 14.6 英镑。

以这种方式来评估并缴纳罚款本身也成了一种成就。

罚金是你自己选的。如果你很有自信，那你就可以设定没完成的善举，每个罚款 1 英镑甚至 10 英镑，这完全取决于你自己。

被罚款的时候，你一定要有一些低落甚至痛苦的感觉。

缴纳罚款是你获得成就感和自律的最后机会了。如果你没能达到自己定下的善举目标，你要怎么获得成就感呢？正式缴纳罚款多少能让你有些成就感。如果将要缴纳的罚款被用于慈善活动，那么想要完成善举避免罚款的动机就被大大削弱了，你宁愿把罚款当成慈善捐助（这可太容易了）。相反，如果知道了将要缴纳的罚款可能会被滥用，那么罚款会显得更有惩罚的效果。这就是罚款的核心价值。

理想情况下，你是不需要缴纳罚款的。你自己制订计划，然后自己来执行。这就产生了成就感。而有能力按自己的计划行事，是对自己产生信任的基础。无论何时，一旦感觉 6H 法则及其核心思想对你没有任何帮助，不要犹豫，直接退出“6H 人”群体就可以了。

项目

善举，也就是一个人自发的助人行为，是 6H 法则的核心。你的行事方法决定了你是怎样的人。高高在上、以自我为中心、远离俗世可不是 6H 法则所崇尚的。

项目在 6H 法则中并不是最重要的，而是完全可以选择的。你可以通过线上或线下的沟通，组建一个项目团队。你想好某个任务，然后规划如何实现。总的来说，这种任务要对他人和你周围的世界有所帮助。

对这类任务而言，“YEAH”是一种可行的团队结构。这种团队结构由具有以下特征的人组成（“YEAH”为这些英文单词的首字母缩写）：

年轻（Young）

活力（Energy）

行动（Action）

助人（Help）

采用其他团队结构，也可以达到相同的效果。

善举是个人的行为，有时候你会想要和其他人共同合作，这时候项目团队就是个好选择。

项目、行动和成果可以被写下来发布到网上，和他人进行分享。

项目提供了思考、计划、进取、行动、社会互动以及成就感。

重申一遍：项目对 6H 法则而言并不像善举那么重要。项目不能替代个人的善举。无论项目的价值有多高，都无法影响日常善举的重要性和必要性。

仪式

仪式的价值在于自我约束与归属感。仪式本身并无价值，因此举行仪式本身就是一种规范以及意愿。仪式是对个人归属感的积极强化。通过仪式，你和他人都能感觉到自己实实在在地属于这个组织。每次举行仪式，其实你都是在告诉自己："我属于这里。"

仪式是一种机械化地确认个人归属的方式。即使你在精神上没有受到鼓舞或根本毫无热情，仪式还是会说服你。更重要的是，无视或拒绝参加仪式毫无疑问是一种具有反抗意味的行为，而绝大多数人并不想这么做。

仪式还有另一种价值。当你不想参与甚至觉得仪式毫无意义的时候，是规范与自律让你选择妥协。

出于这些原因，6H 法则也有一项仪式。

早晨，在你还没有开始做任何事情的时候，先拿一张纸，在纸上画 100 个圆圈，大小不限，不太圆也没关系。可以有大有小，也可以排列整齐或毫无规律，都随你喜欢。每天你都可以画得不一样。画完之后在纸上写上当天的日期。

这是一个无聊而无用的仪式，而这正是仪式的价值。在明知无用的情况下，约束自己去完成，这就赋予了它价值。而让人完成善举的也是这种价值。

你可以每天都举行这种仪式。如果要加点难度，可以每周执行 4 次。这样你就要选择哪几天做这件事，还要记住什么时候做过了。

仪式本身被刻意设计为没有意义但具有约束力的行为。

信号

有时候你可能会想给其他使用 6H 法则的人发个信号。你或许想识别出同好以便交流经验，也或许只是想找个有共同点的人聊聊天。

有一种很隐蔽的手势可以达到这个效果。

用右手食指摸鼻子的右侧，如果有其他人做了相同动作予以回应，那你就继续用右手食指摸一下右眼的外眼角。

如果你是接收信号的一方，看到有人在摸鼻子，可以先判断一下对方是否是有意为之。然后你也摸一下鼻子，稍加停顿后再摸右眼的外眼角。如果对方也跟着做了，那么他很有可能知道 6H 法则。

你可以按自己意愿发出信号，也完全可以不这样做。

积极分子

积极分子是为 6H 法则注入活力的人，他们关心所有运用 6H 法则的人，并将大家组织在一起。任何人都可以选择成为一名积极分子。

积极分子让他人了解并使用 6H 法则。如果愿意，他们也可以组织小团队。积极分子承担了沟通者角色。

6H 法则提供了一种积极行事、主动付出的框架，这在很多方面都具有价值。

积极分子在自己的团队中收集罚款。积极分子可以发展下属积极分子来帮助自己。在这种情况下，积极分子可以凭自己的意愿将收到的部分罚款给予下属积极分子。积极分子可以组织会议、社团或项目，但不允许擅自修改 6H 法则的基本思想。

第 8 章

总结

EDWARD
DE
BONO

6H 法则代表了：

人 +（Human+）

快乐 +（Happiness+）

幽默 +（Humour+）

助人 +（Help+）

希望 +（Hope+）

健康 +（Health+）

本书介绍了 6H 法则的基本原理。你可以根据个人意愿选择不同程度或不同频率地遵循这一法则，完全由你自己来决定。

6H 法则的所有元素与任何信仰或社会结构都是可以共存的。

关键在于关注积极面，而非紧盯消极面。

关键在于关注行动和付出，而非洗涤自己的罪恶。

关键在于关注微小但有建设性的奉献行为。

关键在于通过不断取得成就增强自我认同感。成就虽小，但水滴石穿。

关键在于通过助人实现自助。

任何时候关键都在于关注人性中的积极面。并非不作恶就可以叫作善，还要有主动付出才可以。

6H 法则对你唯一的要求就是相信你自身的潜能及周围其他人的潜能。要相信你可以通过自己的行动为周围的世界做出贡献。6H 法则为你提供了一种通过积极行动获取成就感的方式，而这就是自我认同感产生的基础。

德博诺（中国）课程介绍

六顶思考帽®：从辩论是什么，到设计可能成为什么

帮助您所在的团队协同思考，充分提高参与度，改善沟通；最大程度聚集集体的智慧，全面系统地思考，提供工作效率。

水平思考™：如果机会不来敲门，那就创建一扇门

为您及您所在的团队提供一套系统的创造性思考方法，提高问题解决能力和激发创意。突破、创新，使每个人更具有创造力。

感知的力量™：所见即所得

高效思考的 10 个工具，让您随处可以使用。帮助

您判断和分析问题，提高做计划、设计和决定的效率。

简化™：大道至简

教您运用创造性思考工具，在不增加成本的情况下改进、简化事务的操作，缩减成本和提高效率。

创造力™：创造新价值

帮助期待变革的组织或企业在创新层面培养创造力，在执行层面相互尊重，高质高效地执行计划，提升价值。

会议聚焦引导™：与其分析过去，不如设计未来

帮助团队转换思考焦点，清晰定义问题，快速拓展思维，实现智慧叠加，创新与突破，并提供解决问题的具体方案和备选方案。